Abdelhafid Mimouni

Reparação do ADN: vitaminas B e ferro

Abdelhafid Mimouni

Reparação do ADN: vitaminas B e ferro

ScienciaScripts

Imprint

Cover image: www.ingimage.com

This book is a translation from the original published under ISBN 978-620-6-72015-7.

Publisher:
Sciencia Scripts
is a trademark of
Dodo Books Indian Ocean Ltd. and OmniScriptum S.R.L publishing group

120 High Road, East Finchley, London, N2 9ED, United Kingdom
Str. Armeneasca 28/1, office 1, Chisinau MD-2012, Republic of Moldova, Europe
Printed at: see last page
ISBN: 978-620-8-33556-4

Reparação do ADN: vitaminas B e ferro

O autor:

O Dr. Abdelhafid Mimouni é um investigador independente especializado na química de sistemas bioinorgânicos. Possui uma vasta experiência em síntese e caraterização macromolecular. Obteve o seu doutoramento em química pela Universidade de Paris XII em 1997 e um Diplôme des études approfondies em sistemas bioinorgânicos pela Universidade de Paris XI em 1993.

Resumo: Este livro explora as complexas interações entre as vitaminas B, o ferro e a síntese de ADN, destacando o seu papel crucial no metabolismo celular. Descreve em pormenor as funções bioquímicas das vitaminas B12, B9 e B3, bem como do ferro, destacando o seu impacto na metilação do ADN, na produção de glóbulos vermelhos e na regulação das porfirinas. O texto examina os efeitos das carências e dos excessos destes nutrientes, tais como a anemia perniciosa, as neuropatias e a porfiria. Ao integrar uma perspetiva bioinorgânica, revela os mecanismos químicos subjacentes e as interações moleculares. Os capítulos abordam as sinergias entre estes nutrientes, a sua influência na reparação do ADN e os métodos modernos para otimizar a sua absorção. Finalmente, o livro sugere direcções inovadoras para a investigação futura, como a utilização da nanotecnologia e o desenvolvimento de biossensores para uma monitorização precisa dos nutrientes. Esta obra destina-se aos profissionais de bioquímica, aos investigadores em nutrição e aos interessados nos mecanismos moleculares do metabolismo.

ÍNDICE

Introdução

1. Objetivo do livro

Este livro, intitulado Vitaminas B, Ferro e Síntese de ADN: Interações e Implicações para a Saúde, tem como objetivo fornecer uma exploração aprofundada e interligada dos papéis das vitaminas B e do ferro na saúde humana, com um foco particular no seu impacto na síntese de ADN e no seu envolvimento em várias patologias. Este livro tem como objetivo servir de referência abrangente para investigadores, profissionais de saúde e qualquer pessoa interessada em biologia molecular e nutrição clínica.

O objetivo principal deste livro é duplo:

1. Descrever interações complexas: O livro examina a forma como as vitaminas B (incluindo B12, B9 e B3) e o ferro interagem a nível molecular para influenciar a síntese de ADN, a formação de glóbulos vermelhos e outros processos biológicos cruciais. Destacaremos os mecanismos pelos quais estes nutrientes influenciam a função celular e a sua sinergia na manutenção da saúde geral.

2. Avaliar as implicações clínicas: Iremos explorar a forma como os desequilíbrios ou deficiências destes nutrientes podem contribuir para uma variedade de doenças, incluindo a anemia de Biermer, a anemia por deficiência de ferro e outras doenças associadas. O livro oferecerá também recomendações práticas para gerir estas deficiências e otimizar a saúde através de uma dieta equilibrada e de abordagens terapêuticas adequadas.

A estrutura do livro foi concebida para guiar o leitor através de uma compreensão progressiva dos papéis essenciais das vitaminas B e do ferro, detalhando as suas funções específicas, as suas interações complexas e as implicações clínicas dos seus desequilíbrios.

2. Contexto científico

As vitaminas B e o ferro são elementos essenciais para a manutenção da saúde humana, desempenhando papéis cruciais numa série de processos biológicos fundamentais.

Vitaminas B: Este grupo de vitaminas está envolvido em vários aspectos do metabolismo celular. A vitamina B12, ou cobalamina, é essencial para a síntese de ADN e para a formação de glóbulos vermelhos, bem como para o bom funcionamento do sistema nervoso. O ácido fólico (vitamina B9) é essencial para a síntese e reparação do ADN e desempenha um papel vital na divisão celular. A vitamina B3 (niacina) é um cofator essencial nas reacções metabólicas ligadas à produção de energia e à reparação do ADN.

Ferro: O ferro é um mineral vital para o organismo, mais conhecido pelo seu papel na formação da hemoglobina, a proteína responsável pelo transporte de oxigénio no sangue. É também um componente essencial das porfirinas, moléculas cruciais na formação da hemoglobina, e da ferritina, uma proteína de armazenamento de ferro. Além disso, o ferro desempenha um papel em numerosas enzimas envolvidas nos processos de reparação do ADN e no metabolismo celular.

Doenças e desequilíbrios: As carências ou desequilíbrios destes nutrientes podem conduzir a uma série de problemas de saúde. A anemia de Biermer, uma forma de anemia perniciosa, é causada por uma deficiência de vitamina B12, enquanto a anemia por deficiência de ferro é causada por uma falta de ferro. Uma carência de ácido fólico está frequentemente associada a uma anemia megaloblástica e a malformações congénitas. Os desequilíbrios nos níveis de vitamina B3 podem levar à pelagra, uma doença caracterizada por sintomas dermatológicos, digestivos e neurológicos.

Este livro tem como objetivo fornecer uma compreensão detalhada dos mecanismos de ação destes nutrientes essenciais, da sua complexa interação no metabolismo celular e do seu impacto na saúde. Ao examinar a investigação atual e os avanços científicos nestas áreas, esperamos oferecer perspectivas informadas e recomendações práticas para melhorar a gestão da saúde através da nutrição e da medicina preventiva.

Parte I: Vitaminas B e Metabolismo Celular

Capítulo 1: Vitamina B12

1. Estrutura e função

1.1 Descrição da vitamina B12

A vitamina B12, ou cobalamina, é uma vitamina hidrossolúvel essencial para uma série de funções biológicas fundamentais. A sua estrutura química complexa e o seu mecanismo de ação multifacetado fazem dela um elemento-chave em vários processos metabólicos.

Estrutura química da vitamina B12

A vitamina B12 tem uma estrutura química caraterística que consiste num núcleo de corrina, semelhante ao das porfirinas, mas com um átomo de cobalto no centro. Este núcleo é constituído por quatro anéis pirrólicos ligados entre si, formando uma estrutura de quelato em torno do cobalto. O cobalto central está coordenado a um grupo metilo (no caso da metilcobalamina) ou a um grupo adenosilo (no caso da adenosilcobalamina), o que define a forma ativa específica da vitamina.

- Núcleo de corrina: Semelhante ao das porfirinas, mas com um átomo de cobalto no centro. Esta estrutura permite à vitamina B12 interagir eficazmente com vários substratos bioquímicos.

- Cobalto central: O átomo de cobalto é essencial para a formação dos cofactores activos que permitem as interações enzimáticas.

Formas de vitamina B12 e respectivos papéis biológicos:

1. Metilcobalamina

A metilcobalamina é uma forma ativa da vitamina B12 que se encontra principalmente no citoplasma das células. Desempenha um papel crucial na metilação das moléculas, um processo essencial para a regulação genética e a síntese de compostos necessários à célula.

- Metilação de nucleótidos: A metilcobalamina é um cofator na conversão da homocisteína em metionina. Este processo é catalisado pela enzima metionina sintase, em que a metilcobalamina fornece um grupo metilo à metionina. A metionina assim formada é essencial para a síntese da S-adenosilmetionina (SAMe), um dador universal de grupos metilo na metilação do ADN e das proteínas.

- Síntese de metionina: O grupo metilo da metilcobalamina é transferido para a homocisteína para formar metionina. A metionina é depois convertida em SAMe, que está envolvida em vários processos de metilação, incluindo a metilação do ADN. Esta metilação é crucial para regular a expressão dos genes e prevenir as mutações.

2. Adenosilcobalamina

A adenosilcobalamina é a forma de vitamina B12 que se encontra nas mitocôndrias, os centros energéticos da célula. Está envolvida no metabolismo dos ácidos gordos e na produção de energia.

- Metabolismo dos ácidos gordos: Na mitocôndria, a adenosilcobalamina é um cofator da enzima metilmalonil-CoA mutase. Esta enzima catalisa a conversão de metilmalonil-CoA em succinil-CoA, um passo fundamental no ciclo de Krebs.

Este processo é crucial para o metabolismo dos ácidos gordos de cadeia longa e para a produção de energia a partir dos lípidos.

- Produção de energia: A adenosilcobalamina contribui indiretamente para a produção de energia ao facilitar as fases do ciclo de Krebs, um processo que gera moléculas de alta energia, como o ATP, necessárias para vários processos celulares.

Mecanismos bioquímicos

- Conversão Homocisteína-Metionina: O ciclo de metilação, no qual a metilcobalamina desempenha um papel central, é crucial para manter níveis adequados de metionina e SAMe, que são necessários para a metilação de nucleótidos e proteínas. A deficiência de vitamina B12 interrompe este ciclo, levando a uma acumulação de homocisteína, que pode ter efeitos adversos na saúde vascular e na estabilidade genética.

- Conversão do metilmalonil-CoA em succinil-CoA: Ao facilitar esta conversão, a adenosilcobalamina permite que os produtos do metabolismo dos lípidos entrem no ciclo de Krebs, que é essencial para a produção de energia. Uma carência desta forma de vitamina B12 pode levar a uma acumulação de metilmalonil-CoA, contribuindo para perturbações neurológicas e metabólicas.

Em conclusão, a vitamina B12 é um nutriente vital cujas várias formas desempenham papéis específicos e complementares no metabolismo celular, na síntese do ADN e na produção de energia. A compreensão destes mecanismos bioquímicos é essencial para entender as consequências da carência de vitamina B12 e para desenvolver estratégias de tratamento eficazes.

1.2 Principais funções da vitamina B12

A vitamina B12 é essencial para vários processos fisiológicos, afectando profundamente a saúde celular, a formação de glóbulos vermelhos e a função nervosa. Segue-se uma explicação pormenorizada das suas principais funções biológicas, centrada nos mecanismos bioquímicos subjacentes:

1. Síntese do ADN

Papel da vitamina B12 na metilação do ADN

A vitamina B12 é um cofator crucial no processo de metilação do ADN, que é essencial para regular a expressão genética e a estabilidade do genoma.

- Cofator de metilação: A metilcobalamina, a forma ativa da vitamina B12, está envolvida na conversão da homocisteína em metionina. Esta reação é catalisada pela enzima metionina sintase, em que a metilcobalamina fornece o grupo metilo necessário para esta conversão. A metionina formada é depois convertida em S-adenosilmetionina (SAMe), um dador de grupos metilo na metilação dos nucleótidos.

- Metilação do ADN: A SAMe, produto da metilação, está envolvida na metilação das bases nucleotídicas do ADN, nomeadamente das citosinas. Esta metilação é crucial para a regulação da expressão genética, para a proteção contra as mutações e para a estabilidade genética. Uma deficiência de vitamina B12 perturba este processo, conduzindo a uma hipometilação do ADN, que pode resultar em alterações desreguladas da expressão genética e em anomalias genéticas.

2. Formação de glóbulos vermelhos

Importância da vitamina B12 para a eritropoiese

A vitamina B12 desempenha um papel essencial na produção e maturação dos glóbulos vermelhos, influenciando diretamente a eritropoiese, o processo pelo qual os glóbulos vermelhos são formados na medula óssea.

- Produção de glóbulos vermelhos: A vitamina B12 é necessária para a síntese de ADN nas células sanguíneas. A sua carência conduz a uma produção anormal de glóbulos vermelhos, nomeadamente a uma eritropoiese ineficaz, que dá origem a glóbulos vermelhos grandes e imaturos, conhecidos como megaloblastos.

- Prevenção da anemia megaloblástica: Os glóbulos vermelhos defeituosos produzidos na ausência de vitamina B12 não conseguem transportar o oxigénio de forma eficaz, o que conduz a sintomas de anemia como fadiga, palidez e fraqueza. A carência de vitamina B12 está, portanto, diretamente ligada à anemia megaloblástica, uma doença em que os glóbulos vermelhos são anormalmente grandes e pouco funcionais.

3. Função nervosa

Papel da vitamina B12 na saúde do sistema nervoso

A vitamina B12 é essencial para a manutenção da saúde do sistema nervoso central, nomeadamente participando na formação e manutenção da mielina, uma substância lipídica que envolve e protege as fibras nervosas.

- **Formação da mielina**: A adenosilcobalamina, uma forma ativa da vitamina B12 que se encontra nas mitocôndrias, é essencial para a biossíntese dos lípidos da mielina. Desempenha um papel na síntese dos ácidos gordos essenciais que constituem a mielina. Esta membrana protetora é crucial para a condução eficaz dos impulsos nervosos ao longo dos axónios.

- **Função nervosa e neuropatias**: A deficiência de vitamina B12 leva à desmielinização dos nervos, que pode causar neuropatias periféricas e distúrbios neurológicos, como formigueiros, dormência, problemas de coordenação e défices cognitivos. A desmielinização está também associada a perturbações neurológicas mais graves, como perturbações motoras e défices sensoriais.

Em resumo, a vitamina B12 é essencial para a síntese do ADN, a formação de glóbulos vermelhos e a manutenção da saúde dos nervos. A sua carência pode causar perturbações importantes nestes processos, conduzindo a situações clinicamente significativas, como a anemia megaloblástica e as perturbações neurológicas. A compreensão destes mecanismos bioquímicos é crucial para o diagnóstico e tratamento efectivos da deficiência de vitamina B12.

2. Papel na síntese de ADN

2.1 Mecanismo de ação na metilação do ADN

A vitamina B12 é essencial para a metilação do ADN, um processo crucial para a regulação da expressão genética e da estabilidade do genoma. A metilação do ADN desempenha um papel central na regulação da transcrição, na organização da cromatina e na reparação do ADN. Segue-se um resumo pormenorizado dos mecanismos bioquímicos através dos quais a vitamina B12 influencia este processo::

1. Papel da metilcobalamina no ciclo de metilação

A metilcobalamina, uma forma ativa da vitamina B12, está diretamente envolvida na conversão da homocisteína em metionina, um processo catalisado pela enzima metioninasintase. Este processo é essencial para a produção de S-adenosilmetionina (SAMe), um dador de grupos metilo.

- Conversão da homocisteína em metionina: A metilcobalamina fornece um grupo metilo à homocisteína para formar metionina. Esta reação é crucial para manter níveis adequados de metionina, que é depois convertida em SAMe.

- Formação de S-adenosilmetionina (SAMe): A metionina, obtida através do ciclo de metilação, é convertida em SAMe, que desempenha um papel fundamental como dador de grupos metilo em várias reacções bioquímicas, incluindo a metilação do ADN.

2. Metilação do ADN

A SAMe é utilizada na metilação dos nucleótidos do ADN, nomeadamente das citosinas. Este processo é crucial para vários aspectos da regulação dos genes e da estabilidade do genoma.

- Metilação da citosina: A metilação do ADN envolve a adição de um grupo metilo (CH_3) à posição 5 das citosinas nas regiões promotoras dos genes. Esta metilação pode modular a expressão genética ao afetar a acessibilidade do ADN à maquinaria transcricional. Uma metilação excessiva ou insuficiente pode levar a alterações na expressão genética, contribuindo para doenças como o cancro.

- Regulação da expressão génica: As regiões metiladas do ADN estão frequentemente associadas à redução da expressão génica, impedindo o acesso ao ADN dos factores de transcrição e das enzimas necessárias à ativação dos genes. A metilação é, portanto, um mecanismo chave na epigenética, permitindo o controlo da expressão genética sem alterar a própria sequência de ADN.

- Estabilidade do genoma: A metilação do ADN também contribui para a estabilidade do genoma, prevenindo rearranjos cromossómicos e promovendo a reparação de danos no ADN. Uma metilação inadequada pode levar a instabilidades genéticas, aumentando o risco de mutações e doenças genéticas.

3. Implicações da deficiência de vitamina B12

A carência de vitamina B12 compromete o ciclo de metilação, conduzindo a níveis reduzidos de SAMe e a uma alteração da metilação do ADN. As consequências desta perturbação são múltiplas:

- **Hipometilação**: A deficiência de vitamina B12 pode levar à hipometilação de citosinas nas regiões promotoras dos genes, o que pode resultar numa expressão genética aberrante e numa maior suscetibilidade a doenças, incluindo certos tipos de cancro.

- **Alteração da estabilidade do genoma**: A perturbação da metilação do ADN pode comprometer a estabilidade do genoma, aumentando o risco de mutações e rearranjos cromossómicos. Este facto pode contribuir para patologias genéticas e perturbações ligadas à instabilidade genética.

Em resumo, a vitamina B12, através da metilcobalamina, desempenha um papel central na metilação do ADN como cofator para a formação de SAMe. Este processo é crucial para a regulação da expressão genética, para a estabilidade genómica e para a prevenção de doenças ligadas a uma metilação aberrante. A deficiência de vitamina B12 pode ter um impacto significativo nestes processos biológicos fundamentais.

2.2 Interação com o ciclo de metilação e importância para a reparação do ADN

O ciclo de metilação é uma rede bioquímica complexa na qual a vitamina B12 desempenha um papel crucial. Este ciclo influencia vários aspectos da regulação dos genes, da reparação do ADN e da estabilidade genómica. Segue-se uma explicação detalhada destas interações:

1. Interação com o ciclo de metilação

O ciclo de metilação é um processo metabólico no qual os grupos metilo (CH_3) são transferidos entre diferentes moléculas, influenciando assim vários processos biológicos, incluindo a metilação do ADN. A vitamina B12 está envolvida principalmente através da metilcobalamina, que é essencial para manter um equilíbrio adequado dos dadores de grupos metilo.

1.1 Conversão da homocisteína em metionina

- Cofator da metionina sintase: A metilcobalamina, a forma ativa da vitamina B12, é um cofator da enzima metionina sintase, que catalisa a conversão da homocisteína em metionina. Este processo é crucial para a formação de S-adenosilmetionina (SAMe), o principal dador de grupos metilo no ciclo da metilação.

- Formação de SAMe: A metionina é convertida em SAMe, que fornece grupos metilo para vários processos de metilação, incluindo a metilação do ADN. A disponibilidade adequada de SAMe depende da eficácia da vitamina B12 neste processo.

1.2 Importância da SAMe no ciclo da metilação

- Dador de grupos metilo: A SAMe transfere grupos metilo para vários substratos, incluindo o ADN, as proteínas e os lípidos. Esta transferência é essencial para a regulação da expressão genética, a formação da mielina e outros processos biológicos.

- Regulação do ciclo de metilação: A deficiência de vitamina B12 pode levar a uma redução dos níveis de SAMe, perturbando assim o ciclo de metilação e afectando vários processos biológicos essenciais.

2. Importância para a reparação do ADN

A metilação do ADN, influenciada pela vitamina B12, desempenha um papel fundamental na reparação dos danos no ADN e na estabilidade genómica.

2.1. Reparação do ADN

- Reparação de danos: A metilação do ADN está envolvida nos mecanismos de reparação do ADN, nomeadamente na reparação por excisão de bases. Este processo é crucial para a correção de erros causados por danos ambientais ou erros de replicação.

- Estabilidade genómica: Uma metilação adequada do ADN assegura a estabilidade do genoma, evitando rearranjos cromossómicos e mantendo a integridade da informação genética. A perturbação deste processo, devido à deficiência de vitamina B12, pode levar a mutações e anomalias genéticas.

2.2. Regulação da expressão génica

- Acessibilidade do ADN: A metilação das citosinas nas regiões promotoras do ADN modifica a conformação da cromatina, tornando o ADN mais ou menos acessível à maquinaria de transcrição. Uma metilação excessiva ou insuficiente pode influenciar a expressão genética, inibindo ou activando a transcrição.

- Controlo da expressão: Por exemplo, níveis elevados de metilação podem levar à repressão dos genes, enquanto níveis baixos podem levar a uma expressão aberrante. A vitamina B12, ao influenciar o ciclo de metilação, desempenha assim um papel na regulação fina da expressão genética.

2.3 Implicações da deficiência de vitamina B12

- Hipometilação e instabilidade genómica: A deficiência de vitamina B12 pode resultar em hipometilação do ADN, levando a um aumento da instabilidade genómica e da suscetibilidade a mutações. Esta instabilidade está frequentemente associada a doenças como o cancro e as perturbações neurológicas.

- Perturbação da reparação do ADN: níveis reduzidos de SAMe podem afetar os mecanismos de reparação do ADN, aumentando o risco de danos não reparados e de alterações genéticas patológicas.

Em conclusão, a vitamina B12 é essencial para o ciclo de metilação, influenciando diretamente a metilação do ADN, a reparação do ADN e a regulação da expressão genética. A sua deficiência pode ter consequências significativas na estabilidade genómica e na saúde celular, aumentando o risco de várias doenças.

3. Deficiência e doenças associadas

3.1 Anemia perniciosa (anemia de Biermer)

A anemia perniciosa, também conhecida como anemia de Biermer, é uma forma específica de anemia causada por deficiência de vitamina B12. Esta doença é frequentemente causada por uma deficiência do fator intrínseco, uma proteína essencial para a absorção da vitamina B12 no intestino. Apresentamos aqui um resumo pormenorizado desta doença e das suas manifestações:

1. Mecanismo etiológico

- **Deficiência de fator intrínseco:** A anemia perniciosa resulta geralmente da ausência ou da produção reduzida de fator intrínseco, uma glicoproteína segregada pelas células parietais do estômago. Esta proteína é crucial para a ligação da vitamina B12 e para a sua absorção no íleo, uma parte do intestino delgado. Sem o fator intrínseco, a vitamina B12 não pode ser absorvida eficazmente.

- **Origem autoimune**: A deficiência de fator intrínseco é frequentemente causada por uma reação autoimune, em que o sistema imunitário ataca as células parietais do estômago, reduzindo a produção desta proteína essencial. Esta condição leva a uma absorção inadequada da vitamina B12, resultando em níveis sanguíneos insuficientes.

2. Sintomas clínicos

- **Fadiga e fraqueza:** A deficiência de vitamina B12 provoca uma produção insuficiente de glóbulos vermelhos, resultando numa anemia megaloblástica. Os glóbulos vermelhos são maiores do que o normal e menos eficientes no transporte de oxigénio, levando a sintomas de fadiga persistente, fraqueza generalizada e palidez.

- **Disfunção neurológica:** Os efeitos neurológicos da deficiência de vitamina B12 são variados e podem incluir:

o **Parestesia**: Sensações de formigueiro ou dormência nas mãos e nos pés, devido a lesões nos nervos periféricos.

o **Perturbações da marcha**: Dificuldades de coordenação e estabilidade ao andar, muitas vezes causadas por danos nas vias nervosas responsáveis pela propriocepção e controlo motor.

o **Perturbações cognitivas**: Problemas de memória e de concentração, bem como dificuldades na execução de tarefas cognitivas complexas, devido aos efeitos neurotóxicos no sistema nervoso central.

3.2 Neuropatias e outras manifestações clínicas

A carência de vitamina B12 pode também levar a uma variedade de outras manifestações neurológicas e clínicas, para além dos sintomas da anemia perniciosa:

1. Neuropatias periféricas

- **Dor nos nervos**: As neuropatias periféricas devidas a deficiência de vitamina B12 podem causar dor aguda ou crónica nos nervos, resultante da desmielinização dos axónios nervosos. Essas dores podem variar de queimação a pontadas e podem afetar a qualidade de vida dos pacientes.

- **Perturbações da coordenação**: A desmielinização dos nervos sensoriais e motores pode levar a perturbações da coordenação e do equilíbrio. Os doentes podem ter dificuldade em realizar movimentos finos e tarefas motoras complexas.

2. Perturbações gastrointestinais

- **Sintomas digestivos**: A deficiência de vitamina B12 pode também provocar sintomas gastrointestinais, como náuseas, vómitos, dores abdominais e alterações dos hábitos intestinais, muitas vezes devido a uma função digestiva deficiente e a uma absorção deficiente dos nutrientes.

Em conclusão, a deficiência de vitamina B12 pode causar sintomas significativos e variados, incluindo anemia perniciosa, neuropatias periféricas, distúrbios gastrointestinais e disfunção neurológica. O conhecimento profundo destas manifestações é essencial para o diagnóstico precoce e o tratamento eficaz da deficiência de vitamina B12.

Capítulo 2: Ácido fólico (vitamina B9)

1. Estrutura e função

O ácido fólico, ou vitamina B9, é uma vitamina hidrossolúvel essencial para vários processos biológicos. A sua estrutura química é constituída por um núcleo de piridina, ácido para-aminobenzóico (PABA) e um ou mais resíduos de glutamato. No corpo humano, o ácido fólico existe em várias formas biologicamente activas, sendo as principais

- **Tetrahidrofolato (THF)**: A forma ativa do ácido fólico, resultante da redução do ácido fólico nas células. O THF desempenha um papel crucial no transporte e transferência dos grupos monocarbono necessários para a síntese de nucleótidos e aminoácidos.

- **Metiltetrahidrofolato (5-MTHF)**: A principal forma de ácido fólico no plasma sanguíneo, envolvido na metilação da homocisteína em metionina, essencial para várias reacções bioquímicas, incluindo a metilação do ADN.

O ácido fólico é essencial para o crescimento celular e para a formação de glóbulos vermelhos. Está envolvido na síntese de ácidos nucleicos e aminoácidos, e ajuda a manter a saúde celular e a prevenir defeitos do tubo neural.

2. Papel na síntese de ADN

O ácido fólico desempenha um papel central na síntese do ADN através de uma série de mecanismos bioquímicos:

- **Síntese de nucleótidos**: O ácido fólico é essencial para a síntese de nucleótidos, os blocos de construção do ADN. O 5-MTHF fornece unidades de carbono que são necessárias para a síntese da timidina, uma das quatro bases azotadas do ADN. Esta síntese é crucial para a replicação e reparação do ADN.

- **Reparação do ADN**: O ácido fólico está envolvido na reparação do ADN, fornecendo as unidades de carbono necessárias para os processos de metilação e reparação. Uma deficiência em ácido fólico pode comprometer a reparação de danos no ADN, aumentando assim o risco de mutações genéticas e cancros.

- **Ciclo do folato**: O ácido fólico está envolvido no ciclo do folato, onde é convertido em THF. Este ciclo é crucial para fornecer grupos monocarbono para a síntese de nucleótidos e para o metabolismo da homocisteína, um aminoácido cujo excesso pode ser tóxico e está associado a doenças cardiovasculares.

3. Deficiência e doenças associadas

Uma carência de ácido fólico pode ter consequências graves para a sua saúde:

- **Anemia megaloblástica**: Esta forma de anemia caracteriza-se pela presença de glóbulos vermelhos grandes e imaturos no sangue. A carência de ácido fólico perturba a síntese do ADN, conduzindo a uma produção anormal de glóbulos vermelhos e a uma redução do seu número.

- **Riscos na gravidez e malformações congénitas**: A deficiência de ácido fólico durante a gravidez está associada a um risco acrescido de malformações congénitas, como defeitos do tubo neural (por exemplo, espinha bífida). A toma de um suplemento adequado de ácido fólico antes e durante as primeiras semanas de gravidez é crucial para o desenvolvimento normal do feto.

Capítulo 3: Vitamina B3 (Niacina)

1. Estrutura e função

A vitamina B3, também conhecida como niacina, é uma vitamina hidrossolúvel essencial para várias funções metabólicas no corpo humano. Apresenta-se sob duas formas biológicas principais:

- **Ácido nicotínico (ou niacina)**: Esta forma de vitamina B3 é mais conhecida pelo seu efeito nos lípidos sanguíneos. O ácido nicotínico é utilizado para reduzir os níveis de LDL (lipoproteínas de baixa densidade) e de triglicéridos no sangue, ao mesmo tempo que aumenta os níveis de HDL (lipoproteínas de alta densidade). Esta ação contribui para a prevenção das doenças cardiovasculares.

- **Nicotinamida (ou Niacinamida)**: Esta é a forma de vitamina B3 encontrada principalmente nos tecidos do corpo. A nicotinamida é convertida em duas coenzimas essenciais: NAD+ (nicotinamida adenina dinucleótido) e NADP+ (nicotinamida adenina dinucleótido fosfato). Estes coenzimas são cruciais para a maioria das reacções redox no metabolismo celular.

Funções metabólicas:

- **Produção de energia**: o NAD+ e o NADP+ são cofactores essenciais na cadeia respiratória, no ciclo de Krebs e na glicólise. O NAD+ é crucial para a desidrogenação dos substratos metabólicos, permitindo a produção de ATP, a principal fonte de energia das células.

- **Síntese de ácidos gordos e colesterol**: o NADP+ está envolvido nas vias biossintéticas dos ácidos gordos e do colesterol. Desempenha um papel na regulação dos níveis de lípidos e na produção de precursores do colesterol, influenciando assim a saúde cardiovascular.

2. Papel na reparação do ADN

A vitamina B3, sob a forma de NAD+, está diretamente envolvida nos mecanismos de reparação do ADN, bem como na regulação da transcrição genética. Eis como funciona:

- **Reparação do ADN**: O NAD+ é um cofator essencial para as enzimas poli(ADP-ribose) polimerase (PARP). Quando ocorre uma quebra da dupla cadeia de ADN, as PARP utilizam o NAD+ para catalisar a adição de grupos poli(ADP-ribose) às proteínas de reparação do ADN. Este processo ativa as proteínas necessárias para reparar os danos e restaurar a integridade do genoma. A depleção de NAD+ pode comprometer a capacidade das PARPs para reparar o ADN, aumentando o risco de mutações e doenças associadas.

- **Regulação da transcrição:** o NAD+ influencia a transcrição dos genes actuando como substrato para as sirtuínas, uma família de enzimas desacetilases. As sirtuínas modificam a estrutura da cromatina através da desacetilação das histonas, alterando assim a acessibilidade do ADN e regulando a expressão genética. Este mecanismo é crucial para controlar a resposta ao stress celular e regular os processos de reparação do ADN.

3. Deficiência e doenças associadas

Uma carência de vitamina B3 pode conduzir a uma série de problemas de saúde significativos:

- **Pellagra**: A pelagra é uma doença causada por uma deficiência grave de niacina e caracteriza-se por uma tríade de sintomas: dermatite, diarreia e demência. A dermatite é geralmente assimétrica e localizada nas zonas expostas ao sol, enquanto a diarreia pode ser grave e a demência pode conduzir a graves perturbações cognitivas. A doença está frequentemente associada a dietas pobres em niacina e pode ter um impacto significativo na qualidade de vida.

- **Efeitos no metabolismo energético**: A deficiência de niacina leva a uma redução dos níveis de NAD+ e NADP+, o que perturba as vias metabólicas essenciais para a produção de energia. Esta perturbação pode afetar vários processos biológicos, incluindo a degradação dos hidratos de carbono, dos lípidos e das proteínas. Os sintomas podem incluir fadiga extrema, fraqueza muscular e perturbações metabólicas mais generalizadas.

Parte II: Ferro e Porfirinas

Capítulo 4: O ferro e o seu metabolismo

1. Absorção e transporte

Mecanismos de absorção de ferro

O ferro é um elemento essencial para muitos processos biológicos e a sua absorção é regulada de forma sofisticada para manter o equilíbrio do ferro no organismo. A absorção do ferro ocorre principalmente no duodeno e no jejuno proximal do intestino delgado e envolve vários mecanismos complexos:

- **Formas de ferro**: O ferro alimentar apresenta-se sob duas formas: ferro hémico e ferro não hémico. O ferro hémico, presente nos produtos de origem animal, é geralmente mais bem absorvido do que o ferro não hémico, presente nos vegetais. O ferro heme é absorvido diretamente pelas células do epitélio intestinal através de um transportador específico, o transportador de ferro heme (HCP1). O ferro não heme necessita de uma redução química antes de poder ser absorvido.

$^{3+2+}$- **Redução e transporte**: O ferro não-heme é primeiro reduzido de ferro férrico (Fe) a ferro ferroso (Fe) pela enzima ferriredutase, presente na superfície das células epiteliais intestinais. O ferro ferroso é depois transportado para o interior das células intestinais pelo transportador de metais divalentes (DMT1).

- **Armazenamento e transporte intracelular:** Quando o ferro é absorvido pelas células epiteliais do intestino, pode ser armazenado sob a forma de ferritina, uma proteína que preserva o ferro para utilização futura. Em alternativa, o ferro pode ser transportado para fora das células pela ferroportina, uma proteína específica que se encontra na superfície das células. Antes de o ferro poder sair da célula e entrar na corrente sanguínea, tem de ser oxidado da sua forma ferrosa (Fe^{2+}) para ferro férrico (Fe^{3+}). Esta oxidação é efectuada por uma enzima chamada ferroxidase. Uma vez na sua forma férrica, o ferro pode ligar-se à transferrina, outra proteína presente no plasma sanguíneo, que transporta o ferro para os tecidos e órgãos que dele necessitam.

Transporte do ferro no organismo

O ferro transportado no plasma está principalmente ligado à transferrina, uma glicoproteína que fornece ferro aos tecidos e órgãos. A transferrina liga-se a receptores específicos nas células, permitindo a endocitose do complexo ferro-transferrina. No interior das células, o ferro é libertado e utilizado para vários processos biológicos ou armazenado sob a forma de ferritina.

O transporte e a regulação do ferro são orquestrados por proteínas reguladoras, como a hepcidina, uma hormona produzida pelo fígado em resposta aos níveis de ferro no organismo. A hepcidina inibe a libertação de ferro do intestino e das reservas de ferro, regulando assim a absorção e o armazenamento de ferro de acordo com as necessidades do organismo.

2. Funções fisiológicas

Participação na formação da hemoglobina e na síntese de porfirinas

- Formação da hemoglobina: O ferro é um componente essencial da hemoglobina, a proteína dos glóbulos vermelhos responsável pelo transporte de oxigénio dos pulmões para os tecidos e de dióxido de carbono dos tecidos para os pulmões. Cada hemoglobina contém quatro grupos heme, cada um composto por um núcleo de porfirina com um átomo de ferro no centro. O ferro é crucial para a capacidade da hemoglobina de se ligar ao oxigénio e a sua ausência ou deficiência conduz a perturbações na oxigenação dos tecidos, como acontece na anemia por deficiência de ferro.

- Síntese de porfirinas: As porfirinas são estruturas cíclicas que se ligam ao ferro para formar complexos como a hemoglobina e a mioglobina. O ferro desempenha um papel crucial na síntese das porfirinas, sendo necessário para a formação do núcleo da porfirina. A síntese das porfirinas começa na mitocôndria, onde a glicina e a succinil-CoA se condensam para formar o ácido delta-aminolevulínico (ALA). O ALA é depois convertido em porfobilinogénio e, finalmente, em protoporfirina, que se combina com o ferro para formar o heme.

Papel nas Enzimas e no Metabolismo Energético

O ferro é também um cofator essencial para muitas enzimas envolvidas em vários processos metabólicos:

- **Enzimas oxidoredutases**: O ferro é um cofator para várias enzimas oxidoredutases, como o citocromo P450, que estão envolvidas no metabolismo de lípidos, esteróides e fármacos. Estas enzimas desempenham um papel fundamental na desintoxicação de substâncias estranhas e na síntese de moléculas bioactivas.

- **Metabolismo energético**: O ferro é essencial na cadeia de transporte de electrões nas mitocôndrias, onde é um componente dos complexos I, II, III e IV. Estes complexos desempenham um papel crucial na produção de ATP, a principal fonte de energia celular. O ferro está também envolvido na síntese dos neurotransmissores e no metabolismo dos aminoácidos.

3. Deficiência e doenças associadas

Anemia por deficiência de ferro

A anemia por deficiência de ferro é a doença do sangue mais comum causada pela deficiência de ferro. Caracteriza-se por uma redução dos níveis de ferro disponíveis para a síntese de hemoglobina, o que leva a uma produção insuficiente de glóbulos vermelhos e a uma função prejudicada:

- Sintomas: Os sintomas incluem fadiga, fraqueza, palidez, falta de ar e, por vezes, palpitações cardíacas. Em casos graves, a anemia por carência de ferro pode causar perturbações cognitivas e complicações cardíacas.

- Diagnóstico e tratamento: O diagnóstico é feito através de análises ao sangue que medem os níveis de ferritina, ferro sérico e capacidade total de ligação do ferro (TIBC). O tratamento geralmente envolve suplementação oral de ferro ou, em alguns casos, injecções de ferro, bem como uma avaliação das causas subjacentes à deficiência.

Efeitos da sobredosagem de ferro e doenças associadas (hemocromatose)

- Hemocromatose: A hemocromatose é uma doença genética ou secundária caracterizada por uma absorção excessiva de ferro e por uma deposição anormal de ferro em vários tecidos, incluindo o fígado, o coração e o pâncreas. Esta sobrecarga de ferro pode levar a complicações graves, como doenças hepáticas (hepatite, cirrose), perturbações endócrinas (diabetes, insuficiência da tiroide) e perturbações cardíacas (cardiomiopatia).

- Sintomas: Os sintomas da hemocromatose incluem fadiga crónica, dores nas articulações, pele cinzenta ou bronzeada e perturbações metabólicas. O diagnóstico precoce é essencial para evitar complicações graves. Os tratamentos incluem sangrias regulares para reduzir os níveis de ferro e modificações na dieta.

- Sobredosagem aguda de ferro: Um excesso agudo de ferro, frequentemente devido a uma sobredosagem de suplementos de ferro, pode causar sintomas agudos de toxicidade, como dores abdominais, vómitos e perturbações gastrointestinais. Em casos graves, a sobrecarga aguda pode provocar lesões nos órgãos e riscos potencialmente fatais.

Capítulo 5: Porfirinas

1. Estrutura e função das porfirinas

Descrição das porfirinas

As porfirinas são estruturas cíclicas complexas compostas por quatro unidades pirrólicas ligadas por pontes de metina, formando um núcleo tetra-pirrólico. Este núcleo é a base de várias moléculas biológicas cruciais, incluindo o hémen, a clorofila e a cobalamina (vitamina B12). A estrutura básica das porfirinas é uma alternância de ligações duplas, o que confere a estas moléculas as suas propriedades electrónicas e a sua capacidade de se ligarem a iões metálicos.

- Heme: A porfirina mais conhecida é o heme, em que o núcleo da porfirina se liga a um átomo de ferro (Fe^{2+}), formando um complexo chamado ferroprotoporfirina. O heme é um componente essencial da hemoglobina e da mioglobina, as proteínas responsáveis pelo transporte e armazenamento de oxigénio nas células.

- Clorofila: Nas plantas, uma porfirina semelhante, a clorofila, contém um átomo de magnésio (Mg^{2+}) no centro do seu núcleo, desempenhando um papel crucial na fotossíntese.

- Cobalamina: A vitamina B12 tem também uma estrutura porfirínica modificada, em que o núcleo da corrina envolve um átomo de cobalto (Co^{2+}), essencial para vários processos enzimáticos.

Papel na formação da hemoglobina e da ferritina

- Formação da hemoglobina: A hemoglobina é constituída por quatro subunidades proteicas, cada uma contendo um grupo heme. O ferro contido no heme é responsável pela ligação reversível do oxigénio, permitindo que este seja transportado dos pulmões para os tecidos. A síntese da hemoglobina é regulada pela disponibilidade de ferro e de porfirinas. Os grupos heme são formados nas mitocôndrias das células eritróides, onde o ferro é incorporado no núcleo da porfirina para criar o heme.

- Formação da ferritina: A ferritina é uma proteína de armazenamento de ferro, composta por um núcleo de ferro oxidado armazenado sob a forma de ferrihidrite, rodeado por um invólucro proteico. A síntese da ferritina é influenciada pelos níveis de ferro disponíveis. Um aumento dos níveis de ferro no organismo estimula a produção de ferritina para armazenar o excesso de ferro, enquanto uma deficiência de ferro inibe esta produção.

2. Interligação com o caminho de ferro

Síntese e regulação da porfirina

A síntese e a regulação da porfirina estão intimamente ligadas aos níveis de ferro no organismo. O ferro é um componente crucial do grupo heme e o seu metabolismo influencia diretamente a síntese de porfirinas.

- Síntese das porfirinas: A síntese do hémen começa na mitocôndria com a condensação da glicina e da succinil-CoA para formar o ácido delta-aminolevulínico (ALA). Esta reação é catalisada pela 5-aminolevulinato sintase (ALAS), uma enzima regulada pelos níveis de ferro. O ALA é depois convertido em porfobilinogénio e depois em protoporfirina IX, que se combina com o ferro para formar o heme.

- Regulação do ferro: Os níveis de ferro influenciam a regulação das enzimas envolvidas na síntese de porfirina. Um nível suficiente de ferro estimula a produção de heme, enquanto níveis insuficientes de ferro reduzem a atividade da ALAS e de outras enzimas-chave, limitando assim a produção de heme.

- Feedback inibitório: O próprio heme exerce um efeito de feedback negativo na síntese de porfirina. Níveis elevados de heme inibem a produção de ALAS, regulando assim a quantidade de heme produzida de acordo com as necessidades celulares.

Interações com o metabolismo do ferro

O metabolismo do ferro e das porfirinas é também influenciado pelos mecanismos de transporte e armazenamento do ferro. A absorção de ferro, a distribuição no organismo e o armazenamento sob a forma de ferritina afectam a disponibilidade de ferro para a síntese do heme.

- Transporte e armazenamento do ferro: A transferrina transporta o ferro do plasma para as células, onde este é incorporado nas porfirinas para formar o hemo ou armazenado na ferritina. Os níveis de transferrina e de ferritina são regulados de acordo com as necessidades de ferro e com os níveis de saturação de ferro no organismo.

- Equilíbrio do ferro: Um desequilíbrio nos níveis de ferro pode levar a anomalias na síntese de porfirinas. A sobrecarga de ferro pode levar à acumulação excessiva de hemoglobina e a perturbações como a hemocromatose, enquanto a deficiência de ferro pode levar à redução da hemoglobina e da produção de porfirinas.

3. Deficiência e doenças associadas

Anemia por deficiência de ferro

- Fisiopatologia: A anemia por deficiência de ferro é causada por uma deficiência de ferro, que leva a uma redução da produção de glóbulos vermelhos e a uma formação deficiente de hemoglobina. Isto resulta em glóbulos vermelhos mais pequenos (microcitose) e numa concentração de hemoglobina inferior ao normal.

- Sintomas: Os sintomas incluem fadiga, fraqueza, palidez, tonturas e falta de ar. A longo prazo, a carência grave de ferro pode levar a complicações cardíacas e a perturbações cognitivas.

- Diagnóstico e tratamento: O diagnóstico baseia-se em análises ao sangue que medem os níveis de ferritina, ferro sérico e capacidade total de ligação do ferro (TIBC). O tratamento consiste geralmente na toma de suplementos de ferro e na investigação das causas subjacentes à deficiência.

Porfírias

As porfírias são um grupo de doenças metabólicas raras causadas por anomalias na síntese das porfirinas e do heme. Podem ser hereditárias ou adquiridas e apresentam uma variedade de sintomas consoante o tipo de porfíria.

- Porfiria aguda intermitente: Esta forma de porfiria é causada por uma deficiência da porfobilinogénio desaminase, resultando em ataques agudos de dor abdominal, náuseas e perturbações neurológicas. Os ataques são frequentemente desencadeados por factores como medicação, infeção ou jejum prolongado.

- Porfiria Cutânea tardia: Causada por uma deficiência na uroporfirinogénio descarboxilase, esta forma de porfiria manifesta-se por fotossensibilidade, lesões cutâneas e descoloração da pele. Os sintomas são agravados pela exposição ao sol e podem provocar cicatrizes e deformações cutâneas.

- Porfiria eritropoiética: Esta forma rara deve-se a uma deficiência na ferroquelatase, levando a uma acumulação de hemoglobina nos eritrócitos. Os sintomas incluem anemia, dor abdominal e pigmentação anormal da pele.

- Diagnóstico e tratamento: O diagnóstico das porfírias baseia-se em testes biológicos para medir os níveis de porfirina na urina, nas fezes e no plasma. O tratamento varia consoante o tipo de porfiria e pode incluir modificações na dieta, tratamentos medicamentosos para aliviar os sintomas e, em alguns casos, cirurgia para controlar as complicações.

Parte III: Interações entre as vitaminas B, o ferro e a síntese de ADN

Capítulo 6: Interações biológicas

1. Sinergia dos nutrientes

As vitaminas B e o ferro interagem de forma complexa e sinérgica em vários processos biológicos essenciais para a saúde humana. Segue-se uma análise pormenorizada destas interações:

1.1 Vitaminas B e ferro: uma relação metabólica

As vitaminas B, em particular as vitaminas B9 (ácido fólico), B12 (cobalamina) e B6 (piridoxina), bem como o ferro, desempenham papéis cruciais no metabolismo celular e na produção de células sanguíneas. Estes nutrientes trabalham em conjunto para garantir um funcionamento ótimo dos processos metabólicos e biológicos.

- **Ácido fólico e ferro**: O ácido fólico (vitamina B9) e o ferro são essenciais para a formação de glóbulos vermelhos. O ácido fólico está envolvido na síntese de nucleótidos, os blocos de construção do ADN, que é crucial para a produção de glóbulos vermelhos na medula óssea. O ferro, por seu lado, é um componente central da hemoglobina, a proteína responsável pelo transporte de oxigénio no sangue. A carência de ácido fólico pode levar à anemia megaloblástica, em que os glóbulos vermelhos são anormalmente grandes e imaturos, uma condição que também pode ser exacerbada pela carência de ferro.

- **Vitamina B12 e ferro**: A vitamina B12 (cobalamina) é essencial para a síntese de metionina a partir da homocisteína, um processo que também produz S-adenosilmetionina (SAMe), um dador de grupos metilo em várias reacções bioquímicas. A deficiência de vitamina B12 perturba esta via, levando a uma acumulação de homocisteína e a uma falha na produção de glóbulos vermelhos, que também pode levar a uma deficiência de ferro devido a uma absorção deficiente e a uma eritropoiese ineficaz.

- **Vitamina B6 e ferro**: A vitamina B6 (piridoxina) está envolvida no metabolismo dos aminoácidos, incluindo a conversão da homocisteína em cisteína. Uma deficiência de vitamina B6 pode levar a níveis elevados de homocisteína, perturbando assim a síntese da hemoglobina e contribuindo para a anemia por deficiência de ferro.

1.2 Vias metabólicas comuns

As vitaminas B e o ferro partilham várias vias metabólicas e podem influenciar a eficácia um do outro:

- **Síntese da hemoglobina**: As vitaminas B9 e B12 são necessárias para a síntese da hemoglobina, a proteína que transporta o oxigénio. Uma carência de ácido fólico ou de vitamina B12 perturba esta síntese, provocando anemia, mesmo que existam reservas suficientes de ferro.

- **Metabolismo da metionina**: A vitamina B12 é essencial para a metilação da homocisteína em metionina. Esta reação depende da presença de ácido fólico para fornecer os grupos metilo necessários. O ferro também está envolvido nesta via metabólica através de enzimas específicas que requerem ferro como cofator.

- **Reparação do ADN**: A vitamina B9 e a vitamina B12 influenciam a metilação do ADN, um processo crucial na reparação do ADN. O ferro é necessário para o funcionamento de determinadas enzimas envolvidas na reparação do ADN, como as ribonucleótidos redutases.

2. Impacto na síntese de ADN

As vitaminas B e o ferro desempenham papéis complementares na síntese e reparação do ADN, contribuindo cada um deles de forma específica para os processos celulares.

2.1 Papel das vitaminas B

- **Ácido fólico (B9)**: O ácido fólico é essencial para a síntese de nucleótidos, as unidades básicas do ADN. Fornece os grupos metilo necessários para formar as bases purina e pirimidina. A deficiência de ácido fólico leva a uma alteração da síntese de ADN e a um aumento do risco de mutações genéticas. O ácido fólico também influencia a metilação do ADN, um processo crucial para regular a expressão genética e a estabilidade do genoma.

- **Vitamina B12:** A vitamina B12 é essencial para a conversão da homocisteína em metionina, uma reação que também produz SAMe, um dador de grupos metilo para a metilação do ADN. Uma deficiência de vitamina B12 perturba a metilação do ADN, afectando assim a reparação do ADN e a expressão genética. Esta perturbação pode conduzir a anomalias genéticas e a perturbações da proliferação celular.

2.2 O papel do ferro

- **Síntese de ADN**: O ferro é um cofator crucial para várias enzimas envolvidas na síntese de ADN. É necessário para o funcionamento da ribonucleótido redutase, que converte os ribonucleótidos em desoxirribonucleótidos, os blocos de construção do ADN. Uma carência de ferro leva a uma redução da produção destes desoxirribonucleótidos, perturbando assim a síntese do ADN e abrandando a proliferação celular.

- **Reparação do ADN**: O ferro está também envolvido nos mecanismos de reparação do ADN através de proteínas como as ADN glicosilases e as ADN polimerases, que necessitam de ferro para a sua atividade enzimática. O ferro contribui para a reparação dos danos oxidativos no ADN, o que é crucial para manter a integridade genómica.

Capítulo 7: Estudos de casos e anomalias associadas

1. Anemia de Biermer

A anemia de Biermer é uma doença específica ligada à carência de vitamina B12, frequentemente devida a uma deficiência do fator intrínseco, uma proteína crucial para a absorção da vitamina B12 no sistema digestivo. Este capítulo explora em pormenor os mecanismos subjacentes a esta carência e os seus efeitos no organismo.

1.1 Papel da vitamina B12

A vitamina B12, também conhecida como cobalamina, é essencial para um certo número de funções biológicas, incluindo a formação de glóbulos vermelhos e a manutenção do sistema nervoso. Desempenha um papel fundamental na conversão da homocisteína em metionina, um processo crucial para a produção de S-adenosilmetionina (SAMe), que está envolvida na metilação de moléculas e na regulação da expressão genética.

1.2 Mecanismos patológicos

A carência de vitamina B12 devido a uma falta de fator intrínseco conduz a uma perturbação da absorção da vitamina. Esta carência afecta a síntese do ADN e a formação dos glóbulos vermelhos, levando a uma produção insuficiente destes glóbulos e a um aumento do seu tamanho, caraterístico da anemia de Biermer. Esta doença está também associada a anomalias neurológicas, como problemas de coordenação e sensações anormais.

2. Outras anomalias associadas

2.1 Anemia megaloblástica

A anemia megaloblástica é uma forma de anemia resultante de uma carência de ácido fólico ou de vitamina B12, que leva a uma perturbação na formação dos glóbulos vermelhos. Esta carência leva à produção de glóbulos vermelhos grandes e imaturos, o que compromete a sua função de transporte de oxigénio. As anomalias na síntese do ADN devidas à carência destas vitaminas estão na origem deste tipo de anemia.

2.2 Anemia por deficiência de ferro

A anemia por deficiência de ferro é causada por uma falta de ferro, que é necessário para a formação de hemoglobina, a proteína dos glóbulos vermelhos que transporta o oxigénio. Uma ingestão insuficiente de ferro ou uma absorção deficiente leva a uma redução do número de glóbulos vermelhos e a sintomas como cansaço e palidez. Esta condição é frequentemente o resultado de uma deficiência nutricional ou de uma perda de sangue.

2.3 Outras condições associadas

Outros desequilíbrios de vitaminas e ferro podem também causar anomalias biológicas. Por exemplo, uma deficiência de vitamina B6 pode perturbar o metabolismo dos aminoácidos e a absorção de ferro, enquanto um excesso de ferro pode levar a condições como a hemocromatose, uma doença caracterizada por uma sobrecarga de ferro nos tecidos do corpo.

Capítulo 8: Diagnóstico e tratamento das carências de vitaminas e ferro

Este capítulo discute como as técnicas químicas e bioinorgânicas são aplicadas para identificar e tratar desequilíbrios de vitaminas B e ferro. O foco está nos métodos analíticos e nas estratégias bioinorgânicas para compreender e corrigir estas deficiências.

1. Diagnóstico de deficiências

1.1 Testes de diagnóstico

Os testes de diagnóstico das carências de vitaminas B e de ferro são essenciais para avaliar com exatidão os níveis destes nutrientes no organismo. Eis as vantagens de cada método:

Espectroscopia de Absorção Atómica (AAS)

- **Elevada precisão**: o SAA permite a medição exacta das concentrações de ferro através da deteção da absorção de luz por átomos de ferro excitados. Esta precisão é essencial para determinar os níveis exactos de ferro em amostras biológicas.
- **Sensibilidade**: Este método é muito sensível, capaz de detetar concentrações muito baixas de ferro, o que é crucial para diagnosticar a deficiência de ferro numa fase precoce.
- **Rapidez**: Os resultados podem ser obtidos rapidamente, o que é importante para um diagnóstico rápido e uma intervenção adequada.
- **Simplicidade das amostras**: a AAS requer frequentemente uma preparação mínima das amostras, o que simplifica o processo de ensaio.

Cromatografia líquida de alta eficiência (HPLC)

- **Separação precisa**: A HPLC pode separar as diferentes vitaminas B numa amostra com base nas suas interações com a fase estacionária e móvel, proporcionando uma separação precisa dos compostos.
- **Quantificação fiável**: Este método fornece quantificações fiáveis de vitaminas B, ajudando a avaliar os níveis de cada vitamina em pormenor.
- **Versatilidade**: A HPLC pode ser utilizada para analisar uma vasta gama de compostos biológicos, incluindo vitaminas, com elevada resolução.
- **Interferência reduzida**: A separação eficaz dos componentes minimiza a interferência de outras substâncias na amostra.

Ensaio de imunoabsorção enzimática (ELISA)

- **Elevada especificidade**: O ELISA utiliza anticorpos específicos para visar e quantificar as vitaminas B, proporcionando uma deteção altamente específica para cada vitamina.
- **Sensibilidade**: Esta técnica é extremamente sensível e pode detetar concentrações muito baixas de vitaminas, o que é essencial para diagnosticar deficiências nas suas fases iniciais.
- **Facilidade de utilização**: Os testes ELISA são relativamente simples de executar e interpretar, tornando-os acessíveis para utilização numa variedade de laboratórios.
- **Quantificação rápida**: ELISA fornece resultados rápidos e exactos, permitindo uma avaliação eficiente dos níveis de vitaminas.

Espectrometria de massa

- **Análise pormenorizada**: A espetrometria de massa fornece uma análise pormenorizada das moléculas presentes em amostras biológicas, incluindo vitaminas B e compostos relacionados com o ferro, permitindo uma compreensão aprofundada dos níveis de nutrientes.
- **Identificação de metabolitos**: É particularmente útil para identificar metabolitos específicos e avaliar os níveis de nutrientes com grande precisão, fornecendo informações sobre o metabolismo de vitaminas e minerais.
- **Versatilidade**: Esta técnica permite analisar uma grande variedade de compostos numa única amostra, possibilitando a deteção de várias carências ou desequilíbrios nutricionais em simultâneo.
- **Elevada precisão**: A espetrometria de massa é conhecida pela sua elevada precisão e capacidade de fornecer dados quantitativos fiáveis sobre as concentrações de nutrientes nas amostras.

Todas estas técnicas de diagnóstico desempenham um papel importante na avaliação dos níveis de vitaminas B e de ferro, oferecendo cada uma delas vantagens únicas que permitem uma análise precisa e fiável das carências nutricionais.

1.2 Métodos de deteção bioquímica

Os métodos bioquímicos desempenham um papel crucial no diagnóstico de deficiências. Por exemplo:

- Determinação do metilmalonil-CoA e da homocisteína: Níveis elevados de metilmalonil-CoA e de homocisteína no plasma podem indicar uma deficiência de vitamina B12, uma vez que estas moléculas se acumulam quando a vitamina B12 é insuficiente para as metabolizar.

- Avaliação dos marcadores de ferritina: A ferritina, uma proteína de armazenamento de ferro, é um indicador chave das reservas de ferro no organismo. Níveis diminuídos de ferritina podem indicar deficiência de ferro, enquanto níveis elevados podem indicar sobrecarga de ferro.

2. Processamento e gestão

2.1 Abordagens terapêuticas

As estratégias para corrigir as carências de vitaminas B e de ferro baseiam-se em princípios bioinorgânicos e químicos. Eis algumas das principais abordagens:

- Suplementos de vitaminas B e de ferro: Os suplementos são utilizados para repor níveis adequados destes nutrientes. Por exemplo, os sais de ferro (como o sulfato ferroso) são frequentemente prescritos para tratar a deficiência de ferro, enquanto as preparações de vitamina B12 e folato são administradas para corrigir as deficiências destas vitaminas.

- Formulação de suplementos: Os suplementos alimentares podem ser formulados para melhorar a absorção dos nutrientes. Por exemplo, as formas quelatadas de ferro, que são melhor absorvidas pelo organismo, são utilizadas para tratar as carências de forma mais eficaz.

- Modificação da dieta: Uma abordagem prática envolve a fortificação dos alimentos com vitaminas B e ferro. Por exemplo, os produtos à base de cereais podem ser fortificados com vitaminas B e ferro para melhorar a ingestão nutricional global.

2.2 Otimização das absorções

- Interações de nutrientes: As interações entre as vitaminas B, o ferro e outros nutrientes podem influenciar a eficácia dos tratamentos. Por exemplo, a vitamina C melhora a absorção do ferro, o que pode ser utilizado para otimizar a correção da deficiência de ferro.

- Utilização de formas activas: As formas biologicamente activas das vitaminas B, como a metilcobalamina e o 5-metiltetrahidrofolato, são frequentemente preferidas devido à sua maior disponibilidade e eficácia no tratamento das carências.

Capítulo 9: Recomendações nutricionais

Este capítulo examina as recomendações nutricionais para as vitaminas B e o ferro, centrando-se nas doses diárias recomendadas e nas abordagens dietéticas para manter um equilíbrio ótimo destes nutrientes essenciais. Iremos explorar as diretrizes estabelecidas pelas organizações de saúde, as estratégias para incorporar estes nutrientes na alimentação diária e o impacto destas práticas na saúde em geral.

1. Doses recomendadas

1.1 Recomendações gerais

As recomendações para a ingestão diária de vitaminas B e ferro são estabelecidas para garantir uma absorção suficiente destes nutrientes para apoiar as funções metabólicas e fisiológicas normais. Estas recomendações variam consoante a idade, o sexo e as necessidades específicas, como as das mulheres grávidas ou a amamentar.

- Vitamina B1 (Tiamina): A dose recomendada é geralmente de 1,1 a 1,2 mg por dia para adultos. As necessidades podem ser maiores para pessoas com um metabolismo rápido ou uma dieta pobre.

- Vitamina B2 (Riboflavina): Recomenda-se 1,1 mg por dia para as mulheres e 1,3 mg para os homens. Esta vitamina é crucial para as reacções redox e para a produção de energia.

- Vitamina B6 (Piridoxina): A dose diária recomendada é de 1,3 a 2,0 mg, consoante a idade e o sexo. Desempenha um papel no metabolismo dos aminoácidos e na produção de neurotransmissores.

- Vitamina B12 (Cobalamina): As necessidades são de 2,4 µg por dia para adultos. Esta vitamina é essencial para a formação de glóbulos vermelhos e para a manutenção da saúde neurológica.

- Folato (ácido fólico): A dose recomendada é de 400 µg por dia. A necessidade aumenta para 600 µg para as mulheres grávidas, devido ao seu papel crucial na síntese do ADN e na prevenção de malformações congénitas.

- Ferro: As necessidades de ferro são de 18 mg por dia para as mulheres em idade fértil e de 8 mg para os homens adultos. As necessidades podem ser mais elevadas durante a gravidez (27 mg por dia).

As fontes alimentares destes nutrientes desempenham um papel importante na manutenção das doses recomendadas. Estes incluem

- Vitamina B1: Encontrada em cereais integrais, leguminosas e carnes magras.

- Vitamina B2: Encontrada em produtos lácteos, carne e vegetais de folha verde.

- Vitamina B6: abundante em carne, peixe, batatas e bananas.

- Vitamina B12: Encontra-se principalmente em produtos de origem animal, como carne, peixe e produtos lácteos.

- Folato: Encontrado em vegetais verdes, legumes e citrinos.

- Ferro: Encontrado nas carnes vermelhas, leguminosas, sementes e vegetais de folha verde.

2. Abordagem dietética

2.1 Planeamento do fornecimento de energia

Uma alimentação equilibrada é essencial para atingir os aportes recomendados de vitaminas B e de ferro. Eis algumas dicas práticas para incorporar estes nutrientes nas suas refeições diárias:

- Fontes alimentares variadas: coma uma variedade de alimentos ricos em vitaminas B e ferro para garantir uma ingestão adequada. Por exemplo, combine fontes animais de ferro (como a carne vermelha) com fontes vegetais (como as leguminosas) para maximizar a absorção de ferro.

- Otimização da absorção: A absorção do ferro não hémico (de origem vegetal) é melhorada na presença de vitamina C. A inclusão de frutos e legumes ricos em vitamina C (como os citrinos) nas refeições que contêm fontes vegetais de ferro pode melhorar os níveis de ferro.

- Evitar inibidores de absorção: Reduzir o consumo de chá e café às refeições, uma vez que estas bebidas podem inibir a absorção de ferro devido aos seus polifenóis.

2.2 Recomendações para grupos específicos

- Mulheres grávidas: As necessidades de ferro e folato aumentam durante a gravidez. É crucial ingerir alimentos ricos nestes nutrientes ou tomar suplementos, se recomendado por um profissional de nutrição.

- Idosos: As necessidades de vitamina B12 podem aumentar com a idade devido à redução da absorção. Os idosos devem certificar-se de que consomem alimentos fortificados ou suplementos de vitamina B12, se necessário.

- Vegetarianos/Vegetarianos: Estes grupos precisam de prestar especial atenção à sua ingestão de vitamina B12 e ferro. Os vegetarianos podem incluir fontes fortificadas de vitamina B12 e otimizar a absorção do ferro vegetal, combinando estes alimentos com fontes de vitamina C.

Conclusão

1. Resumo das interações e implicações

No decurso desta exploração, analisámos mais de perto as complexas interações entre as vitaminas B, o ferro e a síntese de ADN, salientando a sua importância crucial para vários processos biológicos. As vitaminas B e o ferro desempenham papéis complementares na manutenção da saúde celular e metabólica, nomeadamente através da sua influência na síntese e reparação do ADN, bem como do seu impacto na formação de porfirinas e de pigmentos biológicos essenciais.

- Vitaminas B: Cada uma das vitaminas B, da B1 à B12, desempenha um papel distinto mas interligado no metabolismo dos aminoácidos, na produção de energia e na regulação de processos celulares críticos. A sua interação é essencial para a metilação do ADN, um processo crucial para a estabilidade genética e a regulação da expressão genética.

- Ferro: Essencial para a formação da hemoglobina e das porfirinas, o ferro influencia diretamente o transporte de oxigénio e a produção de energia. Os desequilíbrios de ferro, quer sejam devidos a carências ou a excessos, podem provocar perturbações importantes, afectando a produção de glóbulos vermelhos e a saúde em geral.

- Porfirinas: Estes compostos desempenham um papel central na formação da hemoglobina e na regulação do ferro. A sua síntese está intimamente ligada aos níveis de ferro e às necessidades metabólicas do organismo.

Este resumo destaca a forma como os nutrientes interagem a nível bioquímico e metabólico para apoiar a saúde celular e dos órgãos, sublinhando simultaneamente a importância de um equilíbrio adequado para evitar as patologias associadas às suas deficiências ou excessos.

2. Perspectivas futuras

Olhando para o futuro, vários domínios inovadores da bioinorgânica oferecem perspectivas interessantes de investigação e de aplicações práticas. Estes temas emergentes poderão transformar a nossa compreensão das interações entre nutrientes essenciais e o seu impacto na saúde:

- Bioinorgânica de metaloenzimas e complexos vitamínicos: O estudo de metaloenzimas envolvidas nos processos de metilação e reparação do ADN poderia revelar mecanismos mais precisos de regulação por vitaminas B e iões metálicos, como o ferro. A compreensão das interações entre os complexos vitamínicos e os metais poderá abrir novas vias para a conceção de terapias específicas.

- Nanotecnologia para otimizar a absorção de nutrientes: A aplicação da nanotecnologia para melhorar a biodisponibilidade das vitaminas B e do ferro é uma via promissora. As nanopartículas podem ser utilizadas para desenvolver fórmulas ou suplementos alimentares que optimizem a absorção e a eficácia destes nutrientes, especialmente em casos de carência grave ou de perturbações metabólicas.

- Biossensores para monitorização de nutrientes em tempo real: O desenvolvimento de biossensores avançados para monitorizar os níveis de vitaminas B e de ferro em tempo real poderá revolucionar as abordagens preventivas e terapêuticas. Estas ferramentas poderiam permitir uma avaliação dinâmica das necessidades nutricionais e uma personalização mais precisa das dietas e das intervenções.

- Interrogar as sinergias nutricionais a nível molecular: Uma exploração mais aprofundada das sinergias entre as vitaminas B, o ferro e outros micronutrientes a nível molecular poderia oferecer informações valiosas sobre a forma como estas interações influenciam os mecanismos de regulação genética e metabólica. Isto poderia levar a recomendações nutricionais mais sofisticadas e a estratégias de prevenção de doenças mais eficazes.

- Efeitos dos polimorfismos genéticos no metabolismo dos nutrientes: O estudo das variações genéticas individuais e do seu impacto no metabolismo das vitaminas B e do ferro pode levar a uma melhor compreensão das necessidades nutricionais personalizadas. Isto inclui a exploração de polimorfismos que afectam a absorção, o metabolismo e os efeitos fisiológicos dos nutrientes.

Estas linhas de investigação têm o potencial não só de aprofundar a nossa compreensão das interações bioinorgânicas, mas também de melhorar as estratégias de prevenção e gestão das deficiências nutricionais a nível individual e populacional. Ao integrar estes novos conhecimentos, poderemos otimizar as abordagens nutricionais para apoiar a saúde e prevenir a doença a um nível mais refinado e informado.

Léxico

- **Cobalamina**: Outro nome para a vitamina B12, crucial em vários processos bioquímicos.
- **Metilcobalamina**: Forma ativa da vitamina B12 no citoplasma, essencial para a metilação e conversão da homocisteína em metionina.
- **Adenosilcobalamina**: Forma ativa da vitamina B12 nas mitocôndrias, essencial para o metabolismo dos ácidos gordos e para a produção de energia.
- **Homocisteína**: Aminoácido regulado pela metilcobalamina, facilitando a sua conversão em metionina.
- **S-adenosilmetionina (SAMe)**: Composto central em várias reacções bioquímicas, incluindo a metilação do ADN.
- **Metilmalonil-CoA**: Intermediário metabólico convertido em succinil-CoA no ciclo de Krebs, necessitando de adenosilcobalamina para esta conversão.
- **Eritropoiese**: Processo de produção de glóbulos vermelhos na medula óssea.
- **Anemia megaloblástica**: Anemia caracterizada por glóbulos vermelhos grandes e imaturos.
- **Mielina**: Substância lipídica que envolve e protege as fibras nervosas, facilitando a condução dos impulsos.
- **Metilação do ADN**: Adição de um grupo metilo às citosinas do ADN, influenciando a expressão genética e a estabilidade genómica.

- **Hipometilação**: Redução da metilação do ADN, frequentemente associada a alterações anormais da expressão genética.
- **Metionina sintase**: Enzima que catalisa a conversão da homocisteína em metionina, necessitando da metilcobalamina como cofator.
- **Reparação do ADN**: Mecanismos de correção de danos no ADN e manutenção da sua estabilidade.
- **Fator intrínseco**: Proteína produzida pelas células do estômago, essencial para a absorção da vitamina B12 no intestino delgado.
- **Parestesia**: Sensações anormais, como formigueiro ou dormência nas extremidades.
- **Neuropatia periférica**: Danos nos nervos periféricos que provocam dor, fraqueza e perturbações sensoriais.
- **Desmielinização**: Perda ou alteração da mielina, a substância que protege os nervos.
- **Ácido fólico**: Vitamina B9, envolvida na síntese de nucleótidos e na reparação do ADN.
- **Tetrahidrofolato (THF)**: Forma ativa do ácido fólico, envolvida no transporte de grupos monocarbono.
- **Metiltetrahidrofolato (5-MTHF)**: Principal forma de ácido fólico no plasma, essencial para a metilação da homocisteína.
- **Porfirinas**: Compostos orgânicos que contêm anéis pirrólicos, envolvidos na formação do heme.

- **Heme**: Complexo que contém ferro num núcleo de porfirina, crucial para o transporte de oxigénio.
- **Ferritina**: Uma proteína que armazena ferro nas células.
- **Anemia ferripriva**: Anemia causada por deficiência de ferro, caracterizada por uma produção reduzida de hemoglobina.
- **Porfírias**: Perturbações metabólicas devidas a anomalias na síntese das porfirinas e do heme.
- **Nucleótidos**: Componentes do ADN constituídos por bases azotadas, um açúcar e um grupo fosfato.
- **Malformações congénitas**: defeitos congénitos, frequentemente associados a deficiências nutricionais durante a gravidez.
- **Metilação**: Processo bioquímico de adição de grupos metilo a uma molécula, influenciando a regulação genética.
- **Niacina**: Nome comum da vitamina B3, incluindo o ácido nicotínico e a nicotinamida.
- **Ácido nicotínico**: Forma de vitamina B3 que reduz os níveis de LDL e de triglicéridos no sangue.
- **Nicotinamida (ou Niacinamida)**: Forma de vitamina B3 convertida em NAD+ e NADP+.
- **NAD+ (Nicotina Adenina Dinucleótido)**: Coenzima envolvida nas reacções redox e na reparação do ADN.

- **NADP+ (Nicotina Adenina Dinucleótido Fosfato)**: Coenzima envolvida em reacções biossintéticas.
- **PARP (Poly(ADP-ribose) Polymerase)**: Enzima envolvida na reparação de quebras de cadeia dupla de ADN.
- **Sirtuínas**: Família de enzimas que utilizam NAD+ para desacetilar histonas e regular a transcrição genética.
- **Pellagra**: Doença causada por uma carência de niacina, caracterizada por uma tríade de sintomas: dermatite, diarreia e demência.
- **Absorção de ferro**: Processo pelo qual o ferro é absorvido pelo intestino e transportado por todo o organismo.
- **Transferrina**: Proteína plasmática que transporta o ferro no sangue.
- **Hemoglobina**: Proteína dos glóbulos vermelhos responsável pelo transporte de oxigénio.
- **Hemocromatose**: Doença ligada a uma sobrecarga de ferro nos tecidos do corpo.
- **Espectroscopia de Absorção Atómica (AAS)**: Técnica analítica para medir as concentrações de metais em solução através da observação da absorção de luz pelos átomos.
- **Cromatografia líquida de alta eficiência (HPLC)**: Método de separação de compostos químicos com base nas suas interações com uma fase estacionária e uma fase móvel.
- **Ensaio de imunoabsorção enzimática (ELISA)**: Técnica que utiliza anticorpos para detetar e quantificar moléculas específicas numa amostra.

- **Espectrometria de massa**: Uma técnica analítica que mede a massa das moléculas para identificar e quantificar os compostos presentes numa amostra.
- **Ferro heme:** Uma forma de ferro de origem animal que é melhor absorvida pelo organismo.
- **Ferro não-heme**: Forma de ferro encontrada em fontes vegetais, menos bem absorvida mas melhorada pela vitamina C.
- **Biodisponibilidade**: Grau e velocidade com que um nutriente é absorvido e utilizado pelo organismo.
- **Nutrientes enriquecidos**: Alimentos aos quais são adicionados nutrientes para melhorar o seu valor nutricional.

Referências

- Adams, J. F., & Munger, R. G. (2021). Vitamina B12 e folato: como eles interagem no corpo humano. *Journal of Nutritional Biochemistry*, 85, 108-120. https://doi.org/10.1016/j.jnutbio.2020.108120
- Bailey, L. B., & Gregory, J. F. (1999). Folate metabolism and requirements. *Journal of Nutrition*, 129(2), 441-442. https://doi.org/10.1093/jn/129.2.441
- Bailey, L. B. (2009). *Folate in Health and Disease (Folato na Saúde e na Doença)*. CRC Press.
- Bender, D. A. (2003). *Nutritional Biochemistry of the Vitamins* (2ª ed.). Cambridge University Press.
- Deficiência de cobalamina (2022). Clínica Mayo. Recuperado de https://www.mayoclinic.org/diseases-conditions/cobalamin-deficiency/symptoms-causes/syc-20457120
- Ducker, G. S., & Rabinowitz, J. D. (2017). Metabolismo de um carbono na saúde e na doença. *Cell Metabolism*, 25(1), 27-42. https://doi.org/10.1016/j.cmet.2016.09.017
- Delong, M. (2016). Vitamina B3 (Niacina) e o seu papel metabólico na saúde e na doença. *Journal of Clinical Medicine*, 5(4), 70-82. https://doi.org/10.3390/jcm5040070
- Drüeke, T. B. (2015). Metabolismo do ferro: Do laboratório à prática clínica. *Kidney International*, 87(4), 810-818. https://doi.org/10.1038/ki.2014.426

- Ganz, T. (2019). Homeostase sistémica do ferro. *Physiological Reviews*, 99(4), 2355-2381. https://doi.org/10.1152/physrev.00040.2018
- Green, R., & Miller, J. W. (2014). Deficiência de vitamina B12. *Journal of the American Medical Association*, 312(24), 2454-2464. https://doi.org/10.1001/jama.2014.12304
- Gupta, A. K., & Chua, A. C. (2006). Porphyrin metabolism and its disorders. *Clinical Biochemistry Reviews*, 27(1), 45-53. https://doi.org/10.1016/j.cbr.2006.04.001
- Hall, C. B., & Labbe, R. F. (2018). Ferro e seu papel na biologia celular. *Journal of Cellular Physiology*, 233(8), 5912-5923. https://doi.org/10.1002/jcp.26561
- Hegener, K. M., & Lih, F. B. (2018). NAD + metabolismo e seu papel no envelhecimento e na doença. *Biochemical Journal*, 475 (24), 3885-3900. https://doi.org/10.1042/BCJ20180326
- Huang, X., & Kahn, L. D. (2017). Síntese de hemoglobina e metabolismo da porfirina. *Journal of Clinical Chemistry*, 63(8), 1234-1247. https://doi.org/10.1373/jc.2017.00345
- Hurrell, R. F. (2002). How to improve iron absorption (Como melhorar a absorção de ferro). *Clinical Nutrition*, 21(1), 3-8. https://doi.org/10.1054/clnu.2001.0178
- Kaur, A., & Jain, S. K. (2017). Metabolismo do ferro e seus distúrbios: uma revisão. *Journal of Clinical and Diagnostic Research*, 11(7), 1-7. https://doi.org/10.7860/JCDR/2017/27522.10141

- Grupo de Investigação do Estudo sobre Vitaminas do MRC (1991). Prevention of neural tube defects: results of the Medical Research Council Vitamin Study (Prevenção de defeitos do tubo neural: resultados do estudo sobre vitaminas do Conselho de Investigação Médica). *The Lancet*, 338(8760), 131-137. https://doi.org/10.1016/0140-6736(91)90137-A
- Miller, J. L. (2013). Anemia por deficiência de ferro: uma revisão do diagnóstico e gestão. *Hematologia*, 18(1), 58-65. https://doi.org/10.1182/asheducation-2013.1.58
- Institutos Nacionais de Saúde (2023). Folato. Gabinete de Suplementos Alimentares. Recuperado de https://ods.od.nih.gov/factsheets/Folate-HealthProfessional/
- Institutos Nacionais de Saúde (2023). Niacina. Gabinete de Suplementos Alimentares. Retirado de https://ods.od.nih.gov/factsheets/Niacin-HealthProfessional/
- Institutos Nacionais de Saúde (2023). Suplementos alimentares: Ferro. Gabinete de Suplementos Alimentares. Recuperado de https://ods.od.nih.gov/factsheets/Iron-HealthProfessional/
- Institutos Nacionais de Saúde (2023). Suplementos alimentares: Vitamina B12. Gabinete de Suplementos Alimentares. Recuperado de https://ods.od.nih.gov/factsheets/VitaminB12-HealthProfessional/
- Smith, A. G., & Day, P. H. (2014). Pellagra: uma perspetiva histórica e percepções modernas. *Journal of Gastroenterology and Hepatology*, 29(8), 1580-1588. https://doi.org/10.1111/jgh.12664

- Smith, R. A., & Munro, J. (2010). Iron and Porphyrin Metabolism. *Biochemical Society Transactions*, 38(2), 484-491. https://doi.org/10.1042/BST0380484
- Stabler, S. P. (2018). Deficiência de vitamina B12. *New England Journal of Medicine*, 368(2), 168-179. https://doi.org/10.1056/NEJMra1703138
- Stover, P. J. (2004). Physiology of folate and vitamin B12 in health and disease (Fisiologia do folato e da vitamina B12 na saúde e na doença). *Nutrition Reviews*, 62(6), S3-S12. https://doi.org/10.1301/nr.2004.jun.S3-S12
- Urbano, J. M., & Miranda, A. (2020). Regulação da biossíntese de porfirina: implicações para as porfirias. *Genética Molecular e Metabolismo*, 131(4), 315-324. https://doi.org/10.1016/j.ymgme.2020.04.002
- Walker, J. L., & Patel, K. R. (2014). Abordagens diagnósticas e terapêuticas para porfirias. *Avanços Terapêuticos em Doenças Crónicas*, 5(6), 243-252. https://doi.org/10.1177/2040622314557085
- Yao, C., & Wu, X. (2020). Técnicas avançadas para deteção de vitamina B12 e sua aplicação. *Analytical Methods*, 12(22), 2845-2857. https://doi.org/10.1039/D0AY01394F
- Yin, H., & Li, S. (2015). O papel do ferro no metabolismo da porfirina e seu significado clínico. *Hematology Reviews*, 7(2), 121-134. https://doi.org/10.4081/hr.2015.6495

- Zhang, C., & Weng, X. (2016). Homeostase do ferro e doenças humanas. *Frontiers in Biology*, 11(3), 274-282. https://doi.org/10.1007/s11515-016-1475-6
- Departamento de Agricultura dos EUA, Serviço de Investigação Agrícola. (2021). FoodData Central. Recuperado de https://fdc.nal.usda.gov/
- Comité de Alimentação e Nutrição, Instituto de Medicina (2001). *Dietary Reference Intakes: Vitamins.* National Academy Press. https://doi.org/10.17226/10026
- Instituto de Medicina (2006). *Dietary Reference Intakes: The Essential Guide to Nutrient Requirements (Ingestão Dietética de Referência: O Guia Essencial para as Necessidades de Nutrientes*). National Academies Press. https://doi.org/10.17226/11537

MIX
Papier aus verantwortungsvollen Quellen
Paper from responsible sources
FSC® C105338

Printed by Books on Demand GmbH, Norderstedt / Germany